ANGRY BIRDS PLAYGROUND

신 나는 놀이터

세계 여행

글 엘리자베스 카니 | 그림 로비오

푸른 날개   NATIONAL GEOGRAPHIC

지도에 쓰인 기호

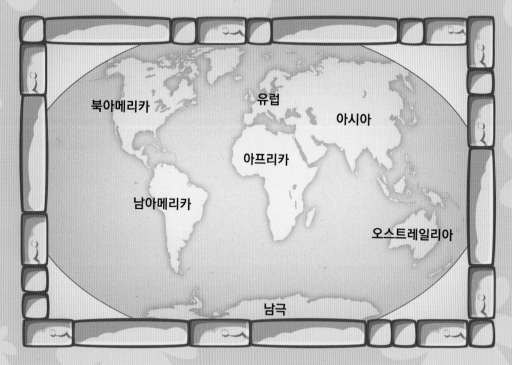

북아메리카

유럽

아시아

아프리카

남아메리카

오스트레일리아

남극

★ 나라의 수도, 주요 도시

⊙ 기타 수도

● 도시

∴ 유적지

◆ 연구 기지

⋯⋯⋯ 국경선

만년설

툰드라

초원

사막

습지

침엽수림

낙엽수림

열대 우림

산맥

차 례

아틀라스는 지도책이야.
지도는 어떤 지역을 아주 높은 곳에서
내려다본 모습을 그린 그림이지.
그 지역에서 발견할 수 있는
모든 것이 그려져 있어.

우아,
이건 우리가 사는 지구의 일곱 대륙을
그린 세계 지도야!
북아메리카, 남아메리카, 유럽, 아프리카,
아시아, 오스트레일리아, 남극 대륙까지
모두 나와 있어!

8

세계 지도

앵그리버드 친구들은
제일 먼저 어느 대륙으로
갈까요?

러시아

알래스카
(미국령)

캐 나 다

그린란드
(덴마크령)

아이

아일랜

미 국

태 평 양

아조레스 제도
(포르투갈령)

포르투

마데이라 제도
(포르투갈령)

카나리아 제도
(에스파냐령)

하와이
(미국령)

멕시코

바하마

쿠바

도미니카 공화국
푸에르토리코(미국령)
버진아일랜드(영국령, 미국령)
세인트키츠 네비스(미국령)
앤티가 바부다
도미니카
바베이도스
세인트빈센트 그레나딘
트리니다드 토바고

서사하라
(모로코령)

모

모리트

세네갈
감비아
기니비사우 기니

시에라리온

라이베리아
가나

코트디

아이티

벨리즈
온두라스 자메이카
과테말라 세인트루시아
엘살바도르 니카라과 그레나다

코스타리카
파나마

베네수엘라
콜롬비아

수리남

프랑스령 기아나

크리스마스 섬
(키리바시)

갈라파고스 제도
(에콰도르령)

적도

에콰도르

적도 기

상투메 프린

마키저스 제도
(프랑스령)

브 라 질

페루

볼리비아

대 서

사모아

아메리칸사모아
(미국령)

프랑스령 폴리네시아

통가

파라과이

태 평 양

우루과이

칠레 아르헨티나

채텀 제도
(뉴질랜드령)

포클랜드 제도
(영국령)

사우스조지아 섬
(영국령)

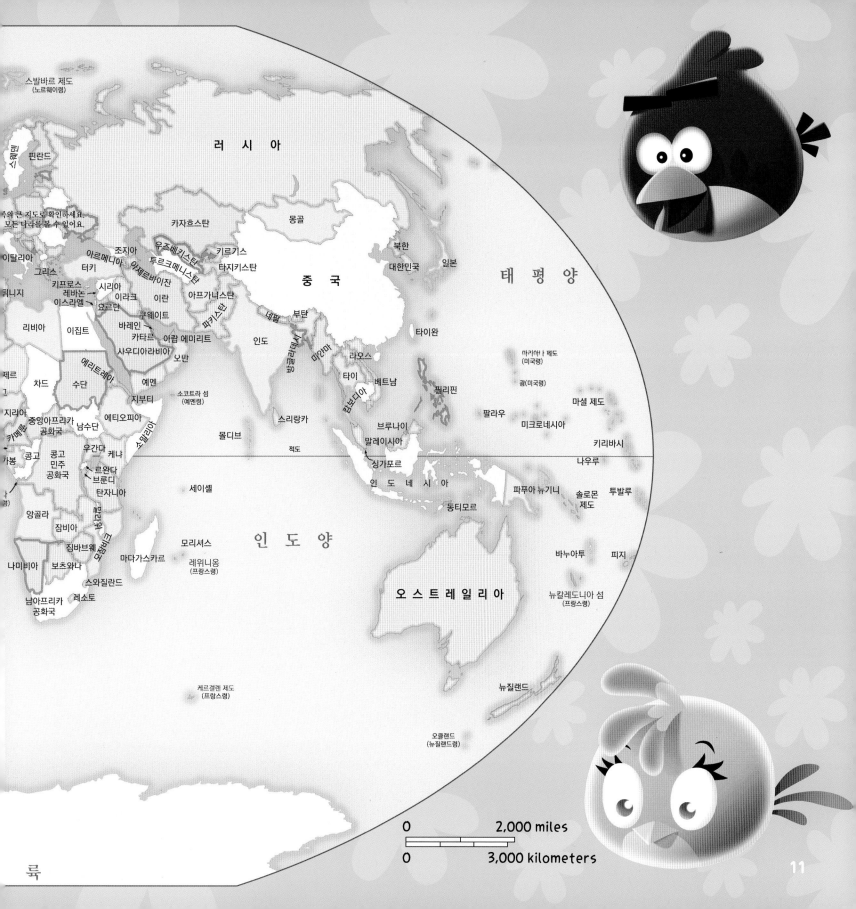

북아메리카

어디 보자,
그럼 북아메리카부터
살펴볼까?

12

북아메리카의 남쪽 끝에서 북쪽 끝까지 장거리 자동차 여행을 하고 있다고 상상해 보세요. 차창 밖에서 불어오는 뜨거운 공기, 커다란 바위가 많은 사막, 남북으로 길게 뻗은 산맥은 물론이고 풀이 무성한 평원과 후텁지근한 열대 우림도 보일 거예요. 또 툰드라라고 부르는 얼음 벌판과 꽁꽁 얼어붙은 땅도 볼 수 있겠지요.

이처럼 북아메리카에서는 지구상의 다양한 자연환경을 모두 보고 느낄 수 있답니다!

북극해

유럽

아시아

북아메리카

아프리카

대서양

태평양

인도양

남아메리카

오스트레일리아

남극

어떤 나라들이 있을까?

북아메리카에는 23개의 나라가 있어요. 그중에서 캐나다, 미국, 멕시코가 가장 크지요. 카리브 해의 무더운 섬들도 북아메리카에 포함돼요.
한편 멕시코와 남아메리카를 연결하는 7개의 나라가 북아메리카의 남쪽 끝머리에 붙어 있는데, 이 지역을 중앙아메리카라고도 부른답니다.

멕시코의 멕시코시티는 북아메리카에서 가장 큰 도시예요. 약 9백만 명의 인구가 살고 있지요. 뉴욕과 로스앤젤레스가 그다음으로 큰 도시랍니다.
북아메리카의 많은 도시는 자동차나 기계 같은 상품을 만드는 제조업의 중심지예요. 또한 제조업 못지않게 농사도 아주 중요한 산업으로 여기는데 그 이유는 북아메리카가 전 세계에서 가장 많은 식량을 생산하기 때문이지요.

우아! 캐나다랑 미국은 우리 테렌스처럼 엄청 크구나.

음, 나라마다 서로 크기가 다르네.

북아메리카에 속한 나라의 수 : 23개

가장 큰 나라 : 캐나다

가장 작은 나라 : 세인트키츠 네비스

가장 큰 도시 : 멕시코의 멕시코시티

재미있는 사실 : 아이슬란드의 레이프 에릭손은 크리스토퍼 콜럼버스보다 무려 500년 전에 북아메리카에 첫발을 내딛었다.

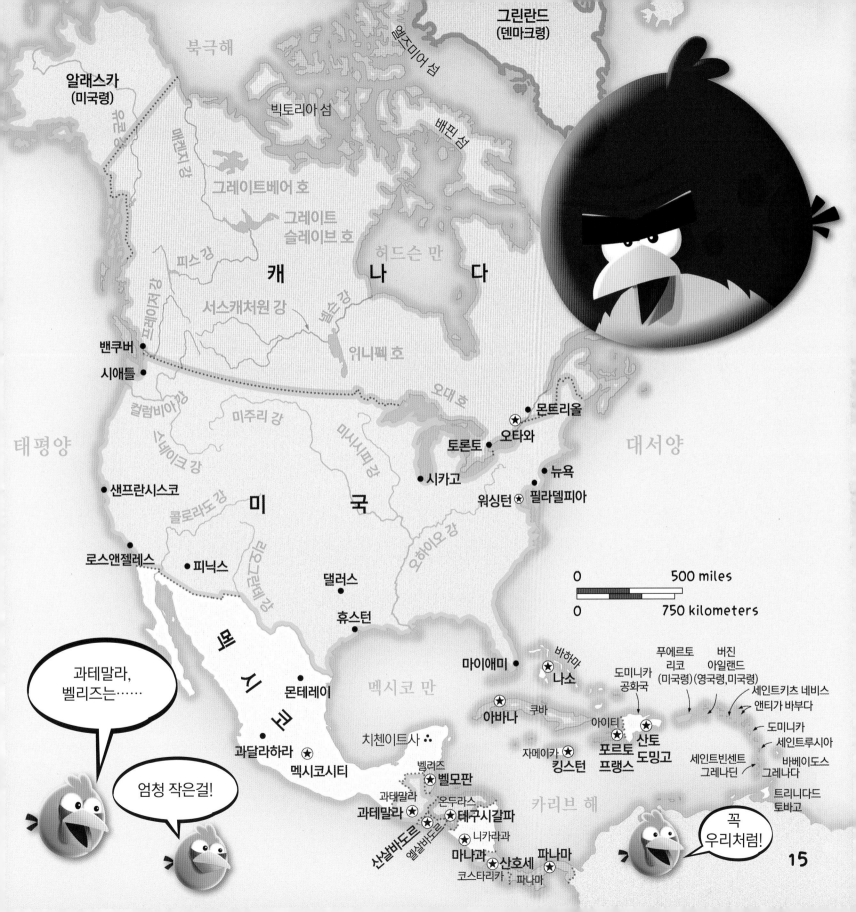

북극해

그린란드
(덴마크령)

알래스카
(미국령)

엘즈미어 섬

빅토리아 섬

배핀 섬

매켄지 강

그레이트베어 호

그레이트
슬레이브 호

허드슨 만

피스 강

캐   나   다

서스캐처원 강

위니펙호

밴쿠버

시애틀

오대 호

몬트리올

컬럼비아 강

미주리 강

스네이크 강

오타와

토론토

대서양

태평양

샌프란시스코

미

시카고

뉴욕

콜로라도 강

국

워싱턴 필라델피아

로스앤젤레스

피닉스

리오그란데 강

댈러스

오하이오 강

0   500 miles

휴스턴

0   750 kilometers

멕

과테말라,
벨리즈는……

마이애미

바하마

푸에르토
리코
(미국령)

버진
아일랜드
(영국령,미국령)

시

몬테레이

나소

도미니카
공화국

세인트키츠 네비스

앤티가 바부다

코

멕시코 만

엄청 작은걸!

쿠바

아바나

아이티

산토
도밍고

도미니카

세인트루시아

과달라하라

치첸이트사

자메이카

포르토
프랭스

멕시코시티

벨리즈

킹스턴

세인트빈센트
그레나딘

바베이도스

그레나다

과테말라
과테말라

벨모판

온두라스
테구시갈파

카리브 해

트리니다드
토바고

산살바도르
엘살바도르

니카라과

마나과 산호세

코스타리카

파나마

파나마

꼭
우리처럼!

15

이곳에는 누가 살까?

우아! 캐나다 친구들이 스노모빌 썰매를 타는 모습이 진짜 재미있어 보여!

많은 사람이 북아메리카를 자신의 고향이라고 부른대.

16

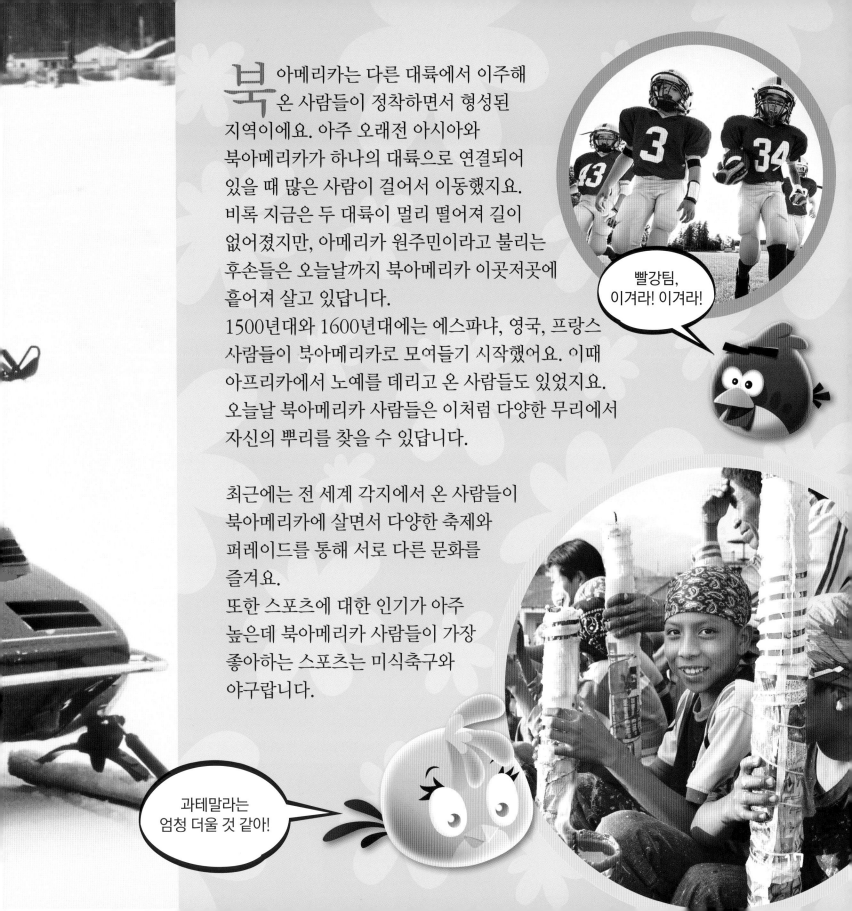

북 아메리카는 다른 대륙에서 이주해 온 사람들이 정착하면서 형성된 지역이에요. 아주 오래전 아시아와 북아메리카가 하나의 대륙으로 연결되어 있을 때 많은 사람이 걸어서 이동했지요. 비록 지금은 두 대륙이 멀리 떨어져 길이 없어졌지만, 아메리카 원주민이라고 불리는 후손들은 오늘날까지 북아메리카 이곳저곳에 흩어져 살고 있답니다.
1500년대와 1600년대에는 에스파냐, 영국, 프랑스 사람들이 북아메리카로 모여들기 시작했어요. 이때 아프리카에서 노예를 데리고 온 사람들도 있었지요. 오늘날 북아메리카 사람들은 이처럼 다양한 무리에서 자신의 뿌리를 찾을 수 있답니다.

최근에는 전 세계 각지에서 온 사람들이 북아메리카에 살면서 다양한 축제와 퍼레이드를 통해 서로 다른 문화를 즐겨요.
또한 스포츠에 대한 인기가 아주 높은데 북아메리카 사람들이 가장 좋아하는 스포츠는 미식축구와 야구랍니다.

빨강팀, 이겨라! 이겨라!

과테말라는 엄청 더울 것 같아!

땅은 어떻게 생겼을까?

북아메리카

북아메리카에는 울창한 숲과 산이 많아요. 로키 산맥은 캐나다에서 멕시코까지 쭉 뻗어 있지요. 대륙 동쪽에는 애팔래치아 산맥이 펼쳐져 있고, 그 사이에 있는 땅은 대부분 평평해서 농사를 짓기에 아주 좋아요. 또한 로키 산맥의 서쪽에는 사막이 있어요. 사막에는 험한 골짜기와 괴상하게 생긴 바위들이 곳곳에 흩어져 있지요. 북아메리카 대륙의 곳곳에 있는 강과 호수는 물을 공급하는 데 아주 중요한 역할을 한답니다. 멕시코 남부와 중앙아메리카로 가면 열대 우림을 볼 수 있어요. 북쪽에는 얼음의 땅 그린란드가 있지요. 그린란드는 세계에서 가장 큰 섬으로 덴마크의 영토랍니다.

헥헥, 서쪽은 뜨겁고 메마른 사막이야.

북아메리카에는 땅의 종류가 아주 다양해. 북쪽에는 높은 산이 있고……

북아메리카의 면적 : 24,474,000㎢

가장 높은 곳 : 미국의 매킨리 산

가장 낮은 곳 : 미국의 데스벨리

가장 긴 강 : 미국의 미시시피 강

재미있는 사실 : 미국 켄터키 주에 있는 매머드 동굴은 전 세계에서 가장 큰 동굴이다.

18

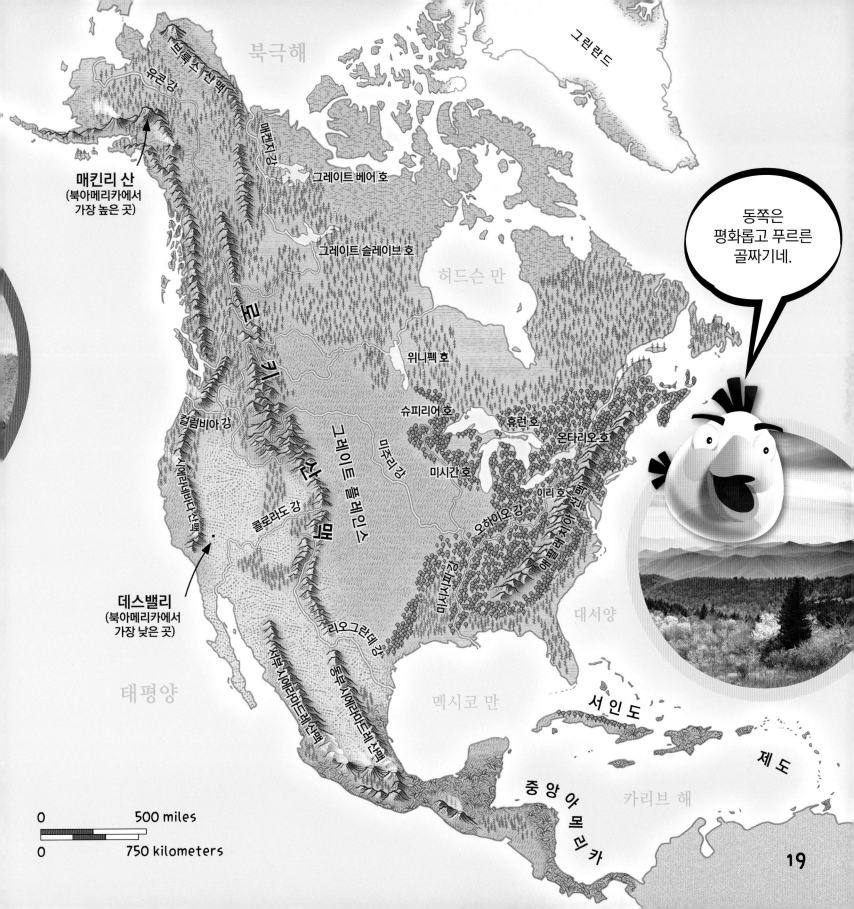

기후는 어떨까?

북아메리카 남쪽 지역에는 모래사장을 따라 야자수가 줄지어 서 있어요. 카리브 해와 멕시코, 중앙아메리카 지역 사람들은 일 년 내내 강렬한 햇빛과 더위를 즐긴답니다.

한편 북쪽 지역의 기온은 계절마다 달라요. 선선한 가을이 되면 사람들은 사과를 따거나 단풍을 보러 산에 가기도 하지요. 또 겨울은 춥고 눈이 많이 내려요.
무더운 여름에는 토네이도 같은 강력한 폭풍이 불어닥치기도 해요. 빙빙 도는 이 회오리바람은 미국 중부 지역에서 자주 나타나요.
특히 카리브 해와 미국 동부 해안에 나타나는 대형 폭풍 허리케인은 많은 피해를 입히기 때문에 큰 위협이 된답니다.

햇볕이 화창한 카리브 해의 해변은 정말 천국 같아.

하지만 빙빙 도는 토네이도는 감당할 수 없을걸?

20

어떤 동물들이 살까?

북아메리카에는 다양한 동물이 살고 있어요. 추운 북쪽 지역에는 추위에 강한 동물들이 살지요. 북극곰은 차가운 바다에서 물개를 사냥하기도 하고, 북극여우는 어린 새끼와 함께 지낼 따뜻한 동굴을 파기도 한답니다.

로키 산맥의 대평원에는 프레리도그와 검은발족제비가 키가 큰 풀숲 사이를 폴짝폴짝 뛰어다녀요. 숲에는 흰머리독수리가 먹잇감을 찾아 빙빙 날아다니고, 검은 곰과 무스라고 불리는 큰 사슴이 어슬렁어슬렁 걸어 다니지요.

중앙아메리카 남쪽 끝의 열대 우림에 사는 작고 귀여운 벌새들은 달콤한 꿀을 빨아 먹고, 사막에 사는 방울뱀은 쥐나 다른 작은 동물들을 사냥한답니다.

프레리도그, 반가워. 앗, 테렌스! 북극곰은 건드리지 마!

터프한 흰머리독수리! 난 너랑 친해지고 싶지 않아!

22

23

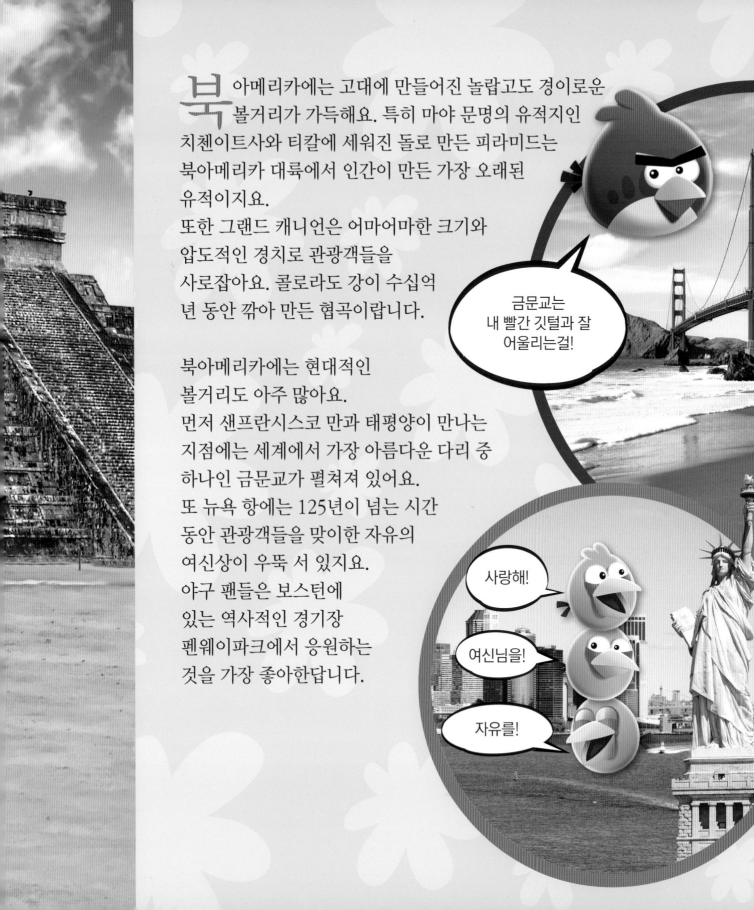

북 아메리카에는 고대에 만들어진 놀랍고도 경이로운 볼거리가 가득해요. 특히 마야 문명의 유적지인 치첸이트사와 티칼에 세워진 돌로 만든 피라미드는 북아메리카 대륙에서 인간이 만든 가장 오래된 유적이지요.
또한 그랜드 캐니언은 어마어마한 크기와 압도적인 경치로 관광객들을 사로잡아요. 콜로라도 강이 수십억 년 동안 깎아 만든 협곡이랍니다.

북아메리카에는 현대적인 볼거리도 아주 많아요. 먼저 샌프란시스코 만과 태평양이 만나는 지점에는 세계에서 가장 아름다운 다리 중 하나인 금문교가 펼쳐져 있어요. 또 뉴욕 항에는 125년이 넘는 시간 동안 관광객들을 맞이한 자유의 여신상이 우뚝 서 있지요. 야구 팬들은 보스턴에 있는 역사적인 경기장 펜웨이파크에서 응원하는 것을 가장 좋아한답니다.

금문교는 내 빨간 깃털과 잘 어울리는걸!

사랑해!

여신님을!

자유를!

남아메리카

남아메리카

이번엔 내 차례야!
다들 남아메리카로
출발!

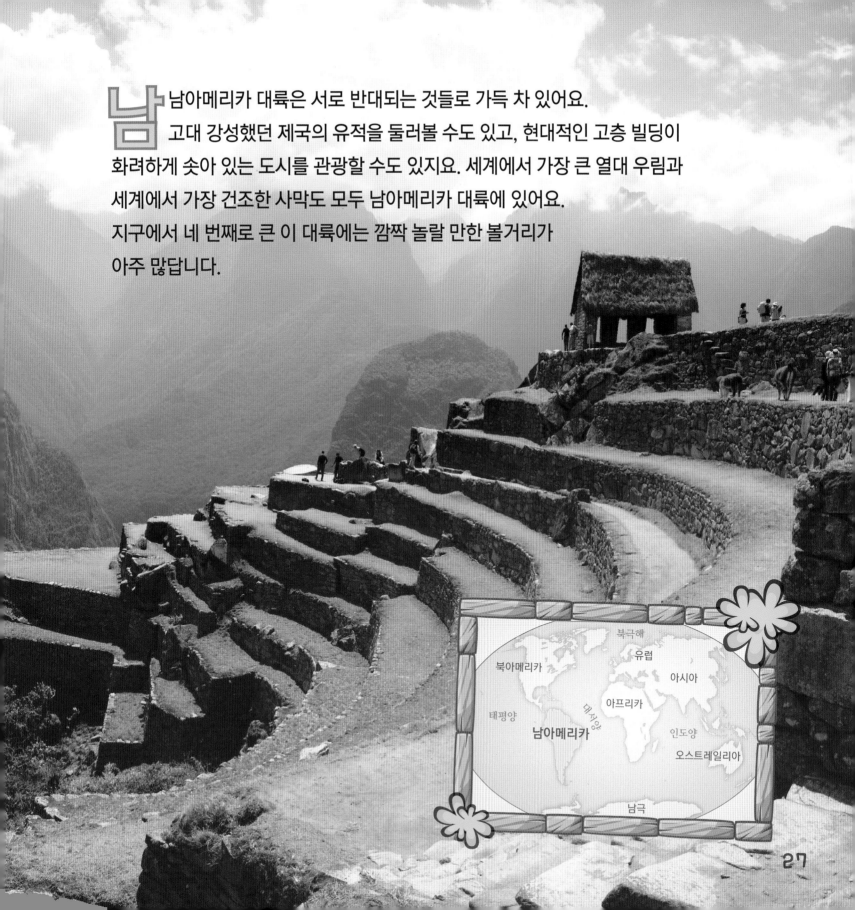

남아메리카 대륙은 서로 반대되는 것들로 가득 차 있어요.
고대 강성했던 제국의 유적을 둘러볼 수도 있고, 현대적인 고층 빌딩이
화려하게 솟아 있는 도시를 관광할 수도 있지요. 세계에서 가장 큰 열대 우림과
세계에서 가장 건조한 사막도 모두 남아메리카 대륙에 있어요.
지구에서 네 번째로 큰 이 대륙에는 깜짝 놀랄 만한 볼거리가
아주 많답니다.

북극해
유럽
북아메리카
아시아
아프리카
태평양
대서양
인도양
남아메리카
오스트레일리아
남극

어떤 나라들이 있을까?

남아메리카에는 12개의 나라가 있어요. 그중에서 브라질은 크기도 가장 크고, 인구도 가장 많은 나라이지요. 크기가 가장 작은 나라는 수리남이에요. 수리남과 이웃해 있는 기아나는 프랑스에 속해 있으므로 나라는 아니랍니다.

남아메리카의 중심 산업은 농업이에요. 우리가 즐겨 먹는 감자나 토마토의 원산지가 바로 남아메리카 대륙이지요. 뿐만 아니라 이곳에서 수확한 바나나, 커피, 설탕은 세계 곳곳으로 수출되고 있어요.

반짝반짝 눈부시게 빛나는 보석 에메랄드를 본 적 있나요? 놀랍게도 대부분의 에메랄드는 콜롬비아의 광산에서 생산된답니다.

나는 콜롬비아가 제일 좋아!

얘들아, 남아메리카에서 제일 가 보고 싶은 곳은 어디니?

28

이곳에는 누가 살까?

남아메리카

남아메리카의 나라들은
방금 살펴봤고,
이곳에 사는 사람들은
어떨까?

아주 오래전 북아메리카에 살던 사람들이 걸어서 남아메리카로 이동했어요. 이 땅에 처음 발을 디딘 사람들이지요. 그들은 잉카 제국을 세우고 훌륭한 문명을 꽃피웠어요. 잉카 제국의 유적은 오늘날까지도 남아 있답니다. 480년 전 무렵에는 식민지를 개척하려는 유럽 사람들이 남아메리카로 몰려오기 시작했는데, 주로 에스파냐와 포르투갈 사람들이었어요. 그들은 아프리카 사람들을 노예로 데려와 일을 시켰지요. 그때부터 여러 문화가 한데 어우러져 서로 섞이기 시작했답니다.
현재 남아메리카에 사는 대부분의 사람들은 이들 세 무리와 관계가 깊어요.

남아메리카에서 가장 흔하게 쓰이는 언어는 에스파냐 어와 포르투갈 어예요. 또 가장 인기 있는 스포츠는 축구지요. 하지만 무엇보다도 남아메리카 사람들이 좋아하고, 전 세계 사람들이 손꼽아 기다리는 것은 해마다 열리는 화려한 카니발 축제랍니다.

우아! 축구 실력이 정말 대단해 보여!

사람들 표정 좀 봐. 정말 행복해 보이지 않니?

이게 바로 카니발 축제구나!

31

땅은 어떻게 생겼을까?

지도를 똑바로 보려면!
책을 오른쪽으로 돌려 보세요.
지도가 훨씬 잘 보여요.

남아메리카 지형은
정말 굉장해. 아마존 강이
얼마나 길게 뻗어
있는지 한번 보라고!

해변도 엄청 아름다워!

남아메리카

마젤란 해협

파라과이 강

아마존 강

셀바스

셀바스

차코

안데스 산맥

티티카카 호

아타카마 사막

500 miles

계에서 가장 긴 산맥은 남아메리카의 안데스 산맥이에요. 이 산맥은 남아메리카 대륙의 서쪽 가장자리 전체에 걸쳐 길게 뻗어 있지요. 안데스 산맥의 일부 지역에서는 실제로 용암을 내뿜는 화산 활동이 활발하게 진행되고 있답니다!

남아메리카 대륙에는 지구상에서 가장 건조한 사막인 아타카마 사막도 있어요. 또한 찌는 듯한 더위로 유명한 곳이 있는데 바로 거대한 아마존 강 주위에 펼쳐져 있는 열대 우림이지요. 이곳은 세계에서 가장 큰 열대 우림 지역이기도 해요.
남아메리카 대륙의 북동쪽 해안을 따라 이어지는 모래사장에는 일광욕을 즐기는 사람들을 자주 볼 수 있답니다.

라플라타 강

파라나 강

라구나 델 카르본
(남아메리카에서 가장 낮은 곳)

포클랜드 제도

마젤란 해협

아콩카과 산
(남아메리카에서 가장 높은 곳)

안데스 산맥

안데스 산맥의
화산은 쉽게 폭발하네.
나처럼 말이야!

33

기후는 어떨까?

남아메리카의 북쪽 지역은 무덥고 햇빛이 강렬해요. 아마존 강 주변 지역은 언제나 뜨겁고 비가 내리지요. 일 년 내내 무더운 이 지역은 비가 많이 내리는 우기가 되면 조금이나마 더위가 가셔요. 반면에 남쪽 지역은 상황이 달라요. 서쪽 해안을 따라 이어지는 아타카마 사막 지역은 매우 건조해요. 거의 일 년 내내 몸을 따뜻하게 감싸고 살아야 하는 추운 지역도 많지요. 남아메리카 대륙의 남쪽 끝에 위치한 지역은 아주 쌀쌀해요. 이 지역을 파타고니아라고 부르는데 어떤 곳은 얼음으로 뒤덮여 있지요. 심지어 빙하가 떠다니는 것을 볼 수도 있답니다.

헥헥,
아타카마 사막은
보기만 해도
목마르다.

어떤 동물들이 살까?

남아메리카에는 형형색색의 화려한 빛깔을 지닌 동물들이 많이 살고 있어요. 아마존 강에는 분홍빛 돌고래가 헤엄을 치고, 나무 위에는 금강앵무새가 지저귀지요. 무게가 250kg이나 되는 초록빛의 거대한 아나콘다도 있답니다. 또 갈라파고스 섬 주변의 푸른 바다에는 반들반들하게 윤이 나는 바다표범이 헤엄치고, 산이 많은 페루에는 털이 덥수룩한 라마가 살고 있어요. 아마존 정글에는 재규어가 어슬렁거리기도 하고, 정글 속 나무 한 그루에 살고 있는 개미의 종류는 영국 전체에 서식하는 개미의 종류보다도 더 많답니다. 이처럼 남아메리카 대륙에는 다양한 환경만큼 다양한 동물들이 살고 있어요.

하하. 테렌스 좀 봐! 금강앵무새를 따라하고 있잖아.

조심해! 재규어가 어슬렁거리고 있어!

바다표범이랑
같이 수영이나 할까?

아니면 라마 등에
올라탈까?

37

남아메리카의 볼거리

이구아수 폭포처럼 아름다운 자연 경관도 빼놓을 수 없지!

남아메리카에는 콜롬비아의 고대 돌 조각상 같은 경이로운 볼거리가 가득해!

남아메리카

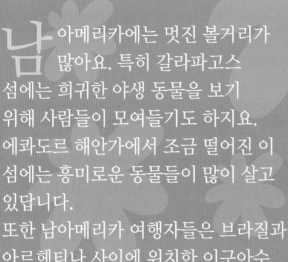

남아메리카에는 멋진 볼거리가 많아요. 특히 갈라파고스 섬에는 희귀한 야생 동물을 보기 위해 사람들이 모여들기도 하지요. 에콰도르 해안가에서 조금 떨어진 이 섬에는 흥미로운 동물들이 많이 살고 있답니다.

또한 남아메리카 여행자들은 브라질과 아르헨티나 사이에 위치한 이구아수 폭포도 빼놓지 않고 방문해요. 이구아수 폭포는 전 세계에서 가장 큰 폭포거든요. 콜롬비아 산 아구스틴 고고 공원에는 거대한 고대 조각상들이 약 500여 개나 세워져 있어요. 이 조각상들은 수 세기 전에 세워진 것으로 고대 신과 신화 속 동물의 모습을 돌에 세긴 것이에요. 브라질의 리우데자네이루에 있는 높이 약 38m의 '브라질 예수상'을 보기 위해서도 많은 관광객이 모여든답니다!

이 거대한 석상도 세계적인 볼거리야!

갈라파고스 섬의 동물도 아주 멋진걸!

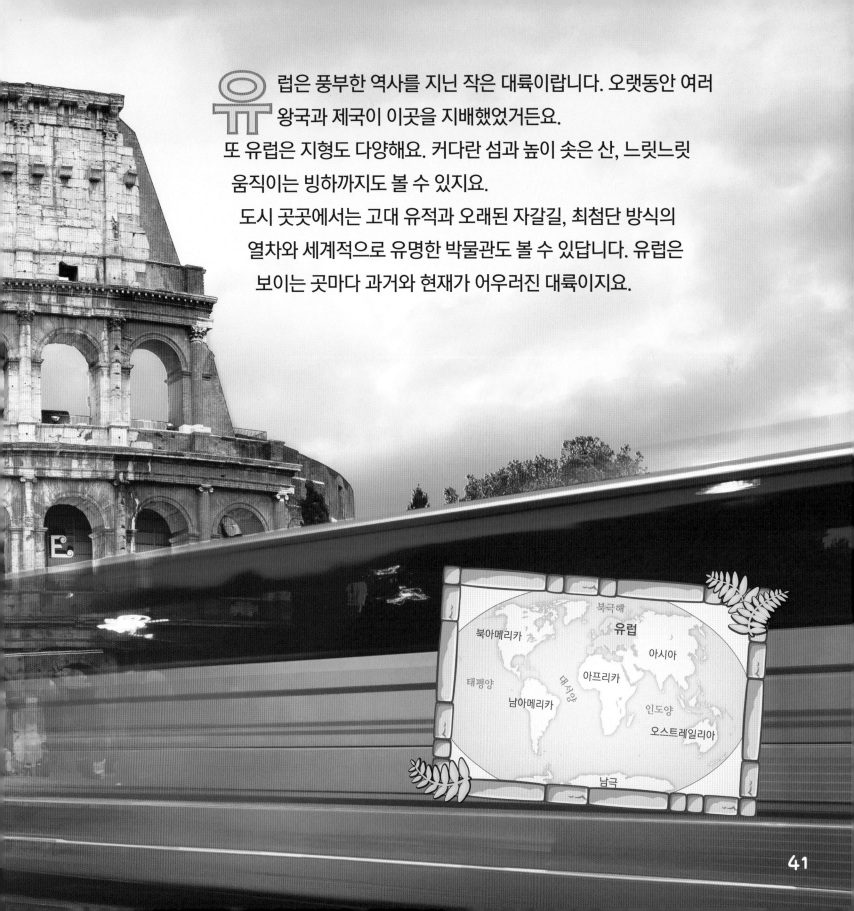

유럽은 풍부한 역사를 지닌 작은 대륙이랍니다. 오랫동안 여러 왕국과 제국이 이곳을 지배했었거든요.

또 유럽은 지형도 다양해요. 커다란 섬과 높이 솟은 산, 느릿느릿 움직이는 빙하까지도 볼 수 있지요.

도시 곳곳에서는 고대 유적과 오래된 자갈길, 최첨단 방식의 열차와 세계적으로 유명한 박물관도 볼 수 있답니다. 유럽은 보이는 곳마다 과거와 현재가 어우러진 대륙이지요.

북극해

유럽

북아메리카

아시아

아프리카

태평양

대서양

남아메리카

인도양

오스트레일리아

남극

어떤 나라들이 있을까?

유럽에는 46개의 나라가 있어요.
그중에서 러시아가 가장 크지요.
사실 러시아 영토의 대부분은 아시아 대륙에
있어요. 하지만 러시아의 주요 도시들이
유럽 대륙에 위치해 있기 때문에 유럽으로
분류돼요.
유럽의 주요 도시들은 강이나 바다와 가까운
곳에 위치해 있어요. 유럽에서 가장 큰
도시는 영국의 런던이지요.
유럽은 자동차와 기계의 주요 생산지예요.
또한 남쪽 지역에서 자라는 밀과 과일,
올리브는 유럽 경제의 중요한 부분이기도
하답니다.

꼬마야

영국이
제일 좋아!

유럽에는
멋진 나라들이 정말 많구나.
어디부터 가 볼까?

아이슬란드
⭐ 레이캬비크

페로 제도
(덴마크령)

대서양

오크니 제도

아일랜드
⭐ 더블린

영국

런던 ⭐

에

프랑

보르도

안도라

리스본
⭐

마드리드 ⭐

에스파냐

세비야

발레아레스 제

지브롤터(영국령)

0   500 miles

0   750 kilomete

42

이곳에는 누가 살까?

진짜야

유럽 사람들은 다양한 일을 하면서 다들 즐거운 표정이야!

유럽 대륙은 크기가 작지만 다양한 문화가 어우러져 있어요. 각 나라마다 고유한 언어와 풍습, 음식 문화가 전해지지요. 더불어 많은 유럽 사람들은 한 개 이상의 언어로 말할 수 있답니다. 오랜 시간에 걸쳐 그리스, 로마, 오스만 제국 등이 유럽의 많은 지역을 점령하고 지배했었기 때문이에요. 그들의 통치는 각 지역의 예술과 문화에 큰 영향을 끼쳤지요. 오늘날 유럽 사람들은 자신들만의 독특한 문화유산에 대해 대단한 자부심을 갖고 있답니다.

나도 라트비아에서 춤추고 싶다.

얘들아, 이것 봐! 아일랜드의 퍼레이드야.

난 아이슬란드에 가서 양 떼 모는 일을 해 볼까?

땅은 어떻게 생겼을까?

세계 지도를 보면 유럽과 아시아는 거대한 하나의 대륙처럼 보여요. 하지만 두 대륙은 러시아의 우랄 산맥을 경계로 유럽과 아시아로 나뉜답니다. 캅카스 산맥과 카스피 해는 유럽 대륙의 남동쪽 경계를 이루고 있지요.

온통 흰 눈으로 덮인 알프스 산에서는 사람들이 신 나게 스키를 즐겨요. 그밖에 유럽의 대부분 지역은 바닥이 평평해서 라벤더와 같은 식물이 잘 자라요.

또 유럽에는 큰 강도 많아요. 이 강들은 수 세기 동안 지역 간의 무역을 위한 교통로 역할을 했어요. 곡식과 양털, 목재 등의 여러 가지 물건들이 강을 따라 이동했지요. 볼가 강은 유럽에서 가장 긴 강이랍니다.

꼬마야

아이슬란드

아일랜드

이베리아 반도

음, 프렌치 라벤더 향기가 나는 것 같아!

덜덜! 눈 덮인 알프스는 너무 추워!

46

0   500 miles

0   750 kilomete

노르웨이 해

북해

발트 해

스칸디나비아 산맥

동 평 원

북 유 럽

라인강

카르파티아 산맥

알프스 산맥

론 강

마터호른

도나우 강

아펜니노 산맥

발칸 산맥

베수비오 산

시칠리아

지 중 해

크레타 섬

키프로스

볼가강

유럽-아시아 경계

(유럽에서 가장 낮은 곳)

카스피 해

캅카스 산맥

엘브루스 산
(유럽에서 가장 높은 곳)

와, 볼가 강은 크기도 엄청나구나!

유럽의 면적 : 9,947,000㎢

가장 높은 곳 : 러시아의 엘브루스 산

가장 낮은 곳 : 카스피 해

가장 긴 강 : 볼가 강

재미있는 사실 : 이탈리아의 에트나 산은 유럽에서 가장 높은 활화산이다.

기후는 어떨까?

유럽의 기후는 대체적으로 온화해요. 농사짓기에도 좋은 편이지요.

서유럽은 따뜻한 바닷바람이 불어 겨울에도 춥지 않아요. 영국과 아일랜드에는 비가 자주 내리지요. 그런데 동유럽과 중부 지역은 전혀 달라요. 독일의 흑림 지대 같은 곳은 겨울엔 몹시 춥거든요.

반면에 남유럽 지중해 주변 국가에서는 일 년 내내 따뜻한 해변 날씨를 즐길 수 있답니다.

꼬마야

유럽의 사계절은 정말 오색찬란해!

내가 네덜란드의 봄 튤립들 사이로 숨으면 아무도 날 찾지 못할 거야!

어떤 동물들이 살까?

유럽의 삼림 지대는 많은 동물의 보금자리예요. 토끼, 붉은 다람쥐, 수달 등이 유럽 대륙 곳곳에 살고 있지요.

올빼미는 밤하늘을 날아다니며 먹잇감을 낚아채고, 순록은 북쪽 지역의 얼어붙은 들판을 이리저리 돌아다녀요. 특히 북쪽 지역에 살고 있는 소수 민족인 라프 족은 대규모의 순록 떼와 함께 살고 있어요. 알프스에는 '아이벡스'라고 불리는 염소가 가파른 산 절벽을 뛰어다니는데 이 숫염소들은 가끔 머리 위로 길게 난 뿔로 서로 싸우기도 한답니다.

꼬야

> 잠깐!
> 난 아이벡스끼리 싸우는 걸 지켜보는 중이거든?

> 우리 수달팀이 동물들한테 유럽에 대해 질문해도 될까?

> 여기 우스꽝스럽게 생긴 붉은 다람쥐는 털이 내 깃털처럼 삐죽삐죽 뻗어 있어.

50

저 올빼미도
우리처럼 화가 난
표정인데?

51

꼬마야

스톤헨지다!

테렌스도……

거뜬히 숨을 수 있겠어!

그림책에서만 보던 루마니아의 성이야!

52

유 럽에는 멋진 광경이 끝도 없이 이어져요. 스톤헨지나 파르테논 신전 같은 고대 유적은 많은 관광객의 발길을 붙잡지요. 이 유적들은 수천 년 전에 이곳에 살던 사람들이 만든 것이랍니다.

중세 시대 유럽 사람들은 루마니아의 브란 성 같은 성이나 요새를 많이 세웠어요. 프라하에 있는 천문 시계는 1410년에 만들어졌는데 오늘날까지도 잘 작동한다니 놀랍지요?

유럽에는 현대적인 볼거리도 많아요. 1889년 프랑스 파리의 만국박람회장에 세워진 에펠 탑이 대표적이랍니다. 또한 레저 활동을 좋아하는 사람들은 마터호른이나 몽블랑 같은 알프스의 높은 산을 오르기도 해요. 영국의 도버 지역 해안에 있는 하얀 절벽은 백악이라 불리는 하얀 석회암으로 마치 바다에서 벽이 솟아오른 것처럼 보여요. 이 절벽은 배를 타고 영국을 찾는 관광객들을 반겨 주고 있답니다.

유럽에는 프랑스 에펠 탑처럼 잊을 수 없는 명소들이 정말 많아!

이게 바로 프라하의 중세 시계탑이구나!

아프리카에는 거대한 것들이 많아요. 드넓은 초원 위에는 점보 코끼리가 쿵쿵 걸어가고, 세계에서 가장 긴 강인 나일 강에는 커다란 악어가 헤엄치고 있지요.

또 물에 잠긴 습지에는 둥글둥글한 하마가 물살을 헤치며 걸어가고요.

세계에서 가장 넓고 뜨거운 사하라 사막도 이곳 아프리카에 있어요. 나이로비나 요하네스버그와 같은 큰 도시도 있고요.

지구에서 두 번째로 큰 이 대륙에는 신 나는 볼거리도 많답니다!

북극해
유럽
북아메리카
아시아
아프리카
태평양
대서양
남아메리카
인도양
오스트레일리아
남극

어떤 나라들이 있을까?

아프리카에는 54개의 나라가 있어요. 가장 최근에 형성된 나라는 2011년에 세워진 남수단이랍니다.
아프리카에서 가장 큰 나라는 알제리예요. 나이지리아는 인구가 가장 많지요. 나이지리아의 라고스는 아프리카에서 가장 큰 도시랍니다. 그런데 몇몇 큰 도시를 제외하면 대부분의 아프리카 사람들은 조그마한 마을과 농가에 살아요.

여러분은 혹시 초콜릿을 좋아하나요? 전 세계에서 소비되는 카카오 열매는 주로 아프리카에서 생산돼요. 이 열매는 초콜릿 원료를 만드는 데 쓰이지요. 이뿐만 아니라 금, 다이아몬드, 광물 채굴도 아프리카의 주요 산업이랍니다.

600 miles

0

알렉산드리아

지 중 해

튀니스

트리폴리

튀니지

알제

알제리

리비아

이집트

카사블랑카

모로코

테렌스는 이집트 쪽으로 갈 건가 봐. 우리는 어디로 갈까?

지도를 똑바로 보려면!
책을 오른쪽으로 돌려 보세요. 지도가 훨씬 잘 보여요.

난 라고스가
마음에 드는걸!

모두!

떠나자!

카메룬으로!

아프리카에 속한 나라의 수 : 54개

가장 큰 나라 : 알제리

가장 작은 나라 : 세이셸(인도양에
위치한 작은 섬나라예요.)

가장 큰 도시 :
나이지리아의 라고스

재미있는 사실 : 아프리카 대륙의
나라 중 무려 7개의 나라가 적도에
걸쳐 있다.

57

이곳에는 누가 살까?

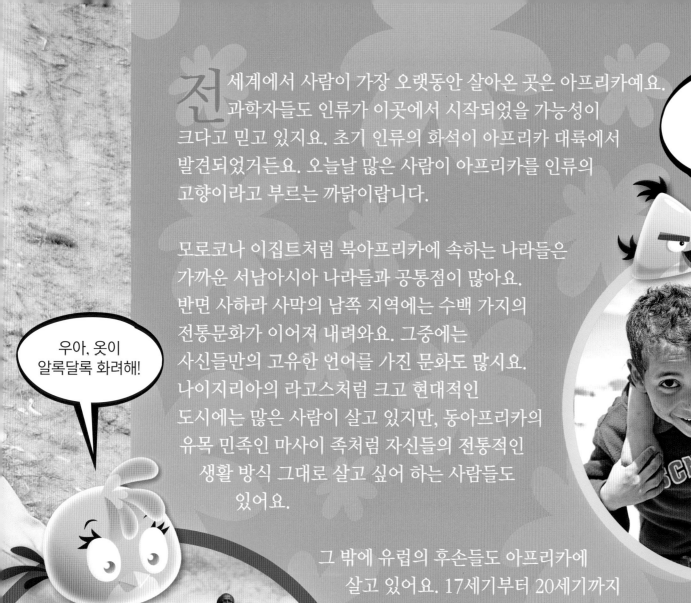

전 세계에서 사람이 가장 오랫동안 살아온 곳은 아프리카예요. 과학자들도 인류가 이곳에서 시작되었을 가능성이 크다고 믿고 있지요. 초기 인류의 화석이 아프리카 대륙에서 발견되었거든요. 오늘날 많은 사람이 아프리카를 인류의 고향이라고 부르는 까닭이랍니다.

모로코나 이집트처럼 북아프리카에 속하는 나라들은 가까운 서남아시아 나라들과 공통점이 많아요. 반면 사하라 사막의 남쪽 지역에는 수백 가지의 전통문화가 이어져 내려와요. 그중에는 자신들만의 고유한 언어를 가진 문화도 많지요. 나이지리아의 라고스처럼 크고 현대적인 도시에는 많은 사람이 살고 있지만, 동아프리카의 유목 민족인 마사이 족처럼 자신들의 전통적인 생활 방식 그대로 살고 싶어 하는 사람들도 있어요.

그 밖에 유럽의 후손들도 아프리카에 살고 있어요. 17세기부터 20세기까지 아프리카의 많은 나라가 유럽의 지배를 받았거든요. 1960년대 말 무렵에서야 대부분의 나라가 독립했답니다.

이 친구들은 잔뜩 신이 난 표정이야!

우아, 옷이 알록달록 화려해!

땅은 어떻게 생겼을까?

이곳부터
시작해서……

거대한
나일 강이……

아프리카 북쪽 지역에는 사하라 사막이 광활하게 펼쳐져 있어요. 대륙의 중부 지역은 열대 우림으로 덮여 있고요. 나머지 부분은 사바나라고 부르는 초원으로 이루어져 있지요. 그리고 아프리카 대륙의 중앙에서부터 북쪽의 지중해까지는 세계에서 가장 긴 강인 나일 강이 구불구불 이어져 있답니다.

아프리카 대륙에는 작은 산맥들도 곳곳에 있어요. 대부분의 산맥은 이스라엘부터 모잠비크까지 이어지는 9600km의 거대한 협곡인 동아프리카 지구대에 모여 있지요. 아프리카에서 가장 큰 호수들도 이곳에 많이 있답니다.

동아프리카 지구대가 동아프리카의 대부분을 차지하고 있구나!

지도를 똑바로 보려면!
책을 오른쪽으로 돌려 보세요.
지도가 훨씬 잘 보여요.

아살 호
(아프리카에서 가장 낮은 곳)

적도

인도양

홍해

킬리만자로 산
(아프리카에서 가장 높은 곳)

마다가스카르 섬

투르카나 호

동아프리카 지구대

은고롱고로 분화구

말라위 호

빅토리아 호

차드 호

탕가니카 호

빅토리아 폭포

잠베지 강

칼라하리 사막

나미브 사막

대서양

사헬 지대

티베스티 산맥

아하가르 산맥

나이저 강

콩고 강

카붐베룸비

테렌스는
사막 탐험 때문에 잔뜩
들뜬 표정인데?

저기까지
뻗어 있어!

아프리카의 면적 :
30,065,000㎢

가장 높은 곳 :
탄자니아의 킬리만자로 산

가장 낮은 곳 : 지부티의 아살 호

가장 긴 강 : 나일 강

재미있는 사실 : 아프리카의
사하라 사막은 전 세계에서
가장 뜨겁고 건조한 사막이다.

900 kilometers

0

61

기후는 어떨까?

아프리카 대부분의 지역은 아주 더워요. 특히 사하라 사막과 그 주변은 찜통 같은 더위가 매일매일 이어져요. 열대 우림 지역은 덥고 축축하지요. 초원에는 우기와 건기가 있어요. 이런 날씨 때문에 이곳의 동물들은 먹이와 물을 찾아 먼 거리를 이동해야 해요.

아프리카에는 아주 추운 겨울이 거의 없어요. 가장 쌀쌀한 지역은 탄자니아의 킬리만자로 산 같은 몇몇 산의 봉우리뿐이랍니다.

후, 열대 우림 지역은 덥고 끈적끈적해!

아프리카는 정말 덥네! 테렌스, 나무 아래에서 땀은 잘 식히고 있어?

사막은
뜨겁고 건조해!

63

어떤 동물들이 살까?

아프리카

아프리카에 살고 있는 동물에 대해 들어 본 적이 있나요?
여러분이 잘 알고 있는 사자, 기린, 코끼리는 주로 초원 지대에서 볼 수 있어요. 이밖에도 수많은 동물이 아프리카 곳곳에 살고 있지요.
숲이 우거진 곳은 원숭이들의 천국이에요. 사막 모래 위에는 독을 쏘는 전갈들이 기어 다니고요.
아프리카에서 가장 큰 섬인 마다가스카르의 열대 우림에는 여우원숭이들이 살고 있어요.
아프리카 남쪽 끝에서는 펭귄도 볼 수 있답니다!

끙. 난 도저히 못 보겠어. 전갈이 가면 말해 줘.

아주 사랑스러운 한 쌍이야.

아프리카의 볼거리

히히,
스핑크스도 테렌스만큼
말이 없군!

보츠와나의
사파리에서
무엇을 보게 될지
궁금해.

해마다 이집트에는 스핑크스와 웅장한 피라미드를 보기 위해 방문객들이 몰려와요. 이 유적들은 4,500년 전에 고대 이집트 사람들이 만들었어요.
모로코에는 수크라고 불리는 형형색색의 화려한 전통 시장 골목이 있어요. 상인들은 깔개, 향신료, 실크, 보석 같은 상품을 팔지요. 손님들은 그 골목을 구경하며 천천히 걷는답니다.

보츠와나에 있는 오카방고 델타로 사파리를 떠나는 사람들도 있어요. 이 지역의 대부분은 국립 공원 또는 보존 지역으로 보호를 받아요. 북쪽에서는 마운틴고릴라를 보려는 사람들이 비룽가 산맥으로 등산을 가기도 한답니다.

고릴라를 만나려면 산으로 가야 해.

향신료를 사려면 모로코로 가야지. 냠냠!

아시아

야호!
드디어 내 차례군.
아시아로 출발!

북극해
유럽
아시아
북아메리카
아프리카
대서양
태평양
남아메리카
인도양
오스트레일리아
남극

아시아는 세계에서 가장 큰 대륙이에요. 세계에서 가장 높은 곳인 에베레스트 산도, 세계에서 가장 낮은 곳인 소금 바다 사해도 모두 아시아에 있지요. 또 아시아에는 세계에서 가장 많은 사람이 살고 있어요. 세계 최초로 형성된 도시들도 아시아의 푸르른 강 근처에 세워졌고요. 인류가 세운 가장 큰 건축물인 중국의 만리장성도 아시아에 있답니다.

어떤 나라들이 있을까?

아시아에는 46개의 나라가 있어요. 아시아 대륙의 큰 부분을 차지하는 러시아는 유럽으로 분류되지요.(42-43쪽을 참고하세요.) 아시아에서 가장 큰 나라는 중국이랍니다. 아시아에는 전 세계에서 가장 북적이는 도시들이 많아요. 그중에서도 중국의 상하이는 인구가 무려 약 2천 400만 명으로 가장 많지요.

한편 아시아에 사는 많은 사람은 땅을 일구며 살아요. 특히 벼농사를 많이 짓지요. 전 세계에서 생산되는 쌀의 대부분이 아시아에서 생산되고 있답니다.

아시아

이스탄불
앙카라 ★
터
베이루트
다마스쿠스 ★
예루살렘 ★ ★ 시리
이스라엘 요르단 암만
바그
쿠웨이
리야드 ★
사우
아라
★ 사나
예멘

아시아에 속한 나라의 수 : 46개

가장 큰 나라 : 중국

가장 작은 나라 : 몰디브

가장 큰 도시 : 중국의 상하이

재미있는 사실 : 중국과 국경선이 맞닿아 있는 나라가 무려 14개나 된다.

얘들아! 아시아가 세계에서 가장 큰 대륙이라고 책에 쓰여 있어.

아주 쪼끄만 나라들도 있네!

70

아시아는 전 세계에서 가장 많은 사람이 살고 있는 대륙이에요. 덕분에 자신만의 고유한 언어와 전통을 가진 다양한 문화가 존재하지요. 그래서 때로는 이웃 나라인데도 서로의 문화를 이해하는 데에 어려움을 겪기도 해요. 특히 중국어는 여러 개의 방언이 존재하기 때문에 같은 나라 안에서도 서로 다른 지역 사람이 만나면 상대방의 말을 이해하지 못하는 경우도 있답니다.

아시아 사람들은 다양한 방식으로 즐거운 시간을 보내요. 명절이나 축제 기간에는 온 가족이 모여 축하 인사를 나누지요. 중국에서는 새해가 되면 거리마다 붉은 등을 달고 한 해의 행복을 기원해요. 또 인도에서는 많은 어린이가 배트로 공을 쳐서 실력을 겨루는 크리켓을 즐기지요. 이뿐만 아니라 아시아의 각 나라마다 독특한 전통 요리 방법이 있는데 이렇게 만들어진 여러 음식은 전 세계적으로 인기가 아주 많답니다.

인도에서 가장 인기 있는 크리켓 즐기기!

빨간색의 예쁜 등이 달린 중국 거리 산책하기!

73

땅은 어떻게 생겼을까?

아시아에는 사람이 생활하기 힘든 땅이 많아요. 어떤 곳은 너무 높은 곳에 위치해 있고, 어떤 곳은 심하게 메마르고, 어떤 곳은 매우 춥기 때문이지요.
남쪽 지역에는 히말라야 산맥이 가로지르고 있고, 서남아시아와 중앙아시아 지역에는 거대한 모래사막이 펼쳐져 있어요.
특히 중앙아시아의 고비 사막은 끝없는 바다라고도 불려요.
모래사막이 마치 바다처럼 끝없이 펼쳐지기 때문이에요.

그렇다면 사람들은 대체 어디에 살고 있을까요? 주로 해안이나 강을 따라 형성된 도시나 마을에 산답니다. 동남아시아의 일부 지역은 땅이 푸르고 비옥해서 농사짓기에도 아주 좋아요.

아시아

흑해

캅카스 산맥

유럽-아시아 경계

카스피 해

사해
(아시아에서
가장 낮은 곳)

페르시아만

인더

아라비아
반도

에베레스트 산 꼭대기는
정말 하얗고 파래!

고비 사막의 모래는
황금빛이네.

아라비아 해

인도양

0   600 miles

0   900 kilometers

북극해

베링 해

산맥

시 베 리 아

오비 강

레나 강

이르티시 강

예니세이강

아무르 강

바이칼 호

강 옆의 밭이
싱그러워 보여.

톈 산 산맥

고비 사막

헬룽 강

양쯔강

태평양

브라마푸트라 강

메콩 강

히 말 라 야 산 맥

갠지스 강

에베레스트 산
(아시아에서 가장 높은 곳)

뱅골 만

필리핀 제도

아시아의 면적 : 44,570,000㎢

가장 높은 곳 :
네팔의 에베레스트 산

가장 낮은 곳 : 사해

가장 긴 강 : 양쯔 강

재미있는 사실 : 중국의
만리장성은 세계에서 가장 긴
성벽이다.

아시아에는
내가 가 보고 싶은 곳이
정말 많은걸!

남중국해

뉴기니

수마트라 섬

보르네오 섬

자바 섬

기후는 어떨까?

아시아에서는 매우 다양한 기후를 경험할 수 있어요. 북쪽 지역의 겨울은 무척 길고 추워서 어떤 지역은 일 년 내내 얼어 있기도 해요. 광대하고 메마른 사막은 아주 덥거나 추웠다가 더워지는 날씨가 반복되는데, 고비 사막의 경우 하루 사이에 온도 차이가 35℃나 된답니다! 그리고 동남아시아의 열대 우림 지역은 덥고 축축해요. 인도와 남아시아 지역 일부에는 해마다 여름철이면 많은 양의 비가 내려요. 이 비는 부족한 물을 보충해 주고, 곡식을 재배하는 데에 아주 중요한 역할을 한답니다.

> 아시아의 날씨는 정말 다양한데? 사막은 바짝 메말라 있어.

어떤 동물들이 살까?

아시아에는 다른 대륙에서는 볼 수 없는 동물들이 많이 살고 있어요.

대왕판다는 중국 동남 지역에 있는 대나무 숲에서만 살고, 코모도왕도마뱀은 인도네시아에 살고 있지요. 코모도왕도마뱀은 몸무게가 130kg이 넘는 세계에서 가장 큰 도마뱀이랍니다.

또 수마트라와 보르네오 섬의 열대 우림 지역에는 오랑우탄이 살고, 동남 및 남부아시아 지역에는 화려한 공작새가 살고 있어요. 이 새는 인도를 대표하는 새랍니다.

한때는 아시아 대륙 곳곳에서 호랑이가 나타나기도 했었는데, 지금은 동남아시아와 러시아 동부 지역에서만 발견되고 있답니다.

아시아에서만 볼 수 있는 멋진 동물들이 정말 많은걸!

이 판다는 대단히 귀하신 몸이라고!

코모도왕도마뱀은 정말 크구나! 피기 섬에서는 볼 수 없다니 참 다행이야.

79

아시아의 볼거리

아시아

여기가 앙코르 와트구나! 정말 놀랍다!

중국의 불탑에는 우리가 걸터앉을 수 있는 곳이 엄청나게 많다고!

아시아에는 오래된 것뿐 아니라 새로운 탐험 지역도 많구나!

아시아에는 아름다운 건물과 사원이 많아요. 그중에서도 앙코르 와트는 힌두교의 성지랍니다.

또 아시아에서는 고대 도시의 유적도 볼 수 있어요. 요르단 왕국 남부 지역에 있는 고대 도시 유적 페트라는 2,000년 전 바위를 깎아 만든 것이지요.

뿐만 아니라 아시아의 경이로운 자연 경치도 숨이 막힐 정도로 멋져요. 중국 쑤저우에 있는 전통 정원들은 그 역사가 1,000년도 넘어요. 이곳을 방문하면 꽃과 나무에 둘러싸인 전통적인 불탑을 볼 수 있답니다. 태국의 눈부신 푸른 바다도 많은 관광객의 관심을 끌고 있지요.

태국의 푸른 바다는 정말 아름다워!

여기가 페트라구나!

오스트레일리아

만세! 내 차례야.
이제 오스트레일리아에 대해
알아보자고!

82

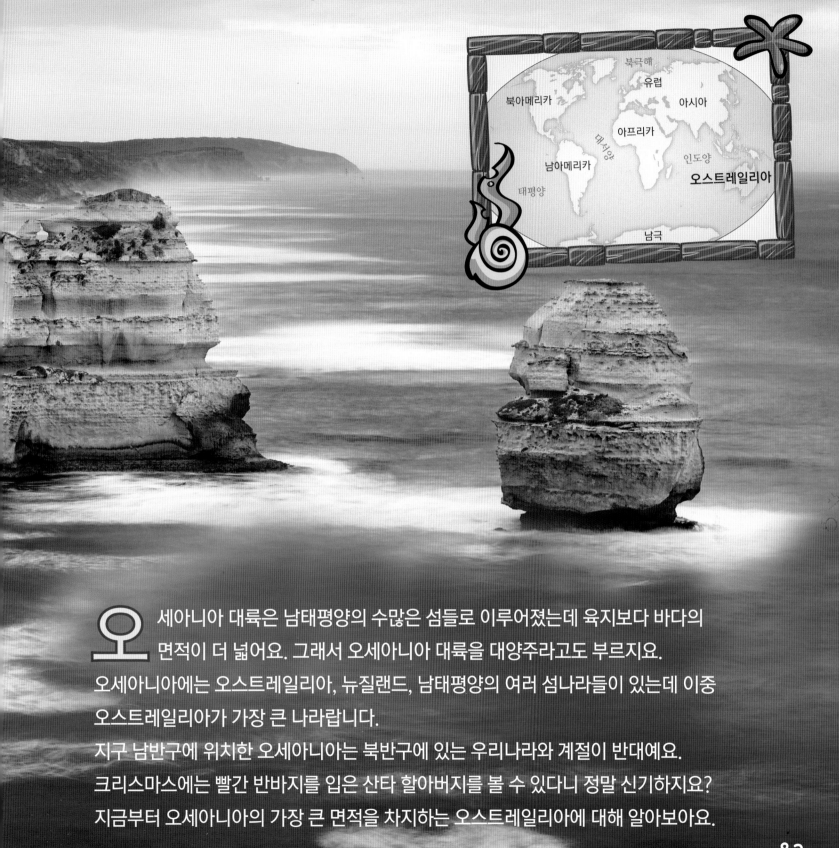

북극해

유럽

북아메리카 아시아

아프리카

대서양

남아메리카 인도양

태평양 **오스트레일리아**

남극

오 세아니아 대륙은 남태평양의 수많은 섬들로 이루어졌는데 육지보다 바다의
면적이 더 넓어요. 그래서 오세아니아 대륙을 대양주라고도 부르지요.
오세아니아에는 오스트레일리아, 뉴질랜드, 남태평양의 여러 섬나라들이 있는데 이중
오스트레일리아가 가장 큰 나라랍니다.
지구 남반구에 위치한 오세아니아는 북반구에 있는 우리나라와 계절이 반대예요.
크리스마스에는 빨간 반바지를 입은 산타 할아버지를 볼 수 있다니 정말 신기하지요?
지금부터 오세아니아의 가장 큰 면적을 차지하는 오스트레일리아에 대해 알아보아요.

어떻게 이루어져 있을까?

오스트레일리아

오스트레일리아는 여섯 개의 자치주와 두 개의 특별구로 이루어져 있어요. 이웃 나라로는 뉴질랜드와 남태평양의 여러 섬나라들이 있지요. 오스트레일리아에서 가장 큰 도시는 시드니이고, 수도는 캔버라예요. 대부분의 사람들은 해안가 근처의 도시에 살고 있답니다. 오스트레일리아에서 가장 중요한 산업은 양과 소를 기르는 목축업이에요. 세계에서 가장 큰 양털 생산국이기도 한 오스트레일리아는 양과 사람의 비율이 무려 7:1이나 된답니다!

친구들, 오스트레일리아에 온 걸 환영해. 어디부터 둘러 볼까?

• 포트헤들런

웨스턴오스

⊙ 퍼스

양이 사람보다 7배나 많다니!

84

이곳에는 누가 살까?

자, 파도타기를
시작해 볼까?

오스트레일리아

사람들이 오스트레일리아에 처음 발을 디딘 것은 약 4만 년 전이에요. 주로 아시아에서 건너온 이 사람들을 원주민이라는 의미로 애버리지니라고 부르지요. 오늘날 원주민의 대부분은 노던 주에 살고 있어요. 그들이 사용하는 언어는 약 250가지가 넘는다고 해요.

1700년대부터 유럽 사람들도 오스트레일리아에 정착하기 시작했어요. 이 정착민들은 주로 영국에서 왔지요. 현재 대부분의 오스트레일리아 사람들은 이 정착민들과 관계가 있답니다. 최근에는 전 세계에서 오스트레일리아로 이민을 오고 있어요. 하지만 여전히 오스트레일리아에서 주로 사용하는 언어는 영어랍니다.

전통문화를 축제로 즐기는구나!

오스트레일리아 사람들은 야외 활동을 진짜 좋아하는 것 같아!

래프팅 하기 좋은 날씨인가?

땅은 어떻게 생겼을까?

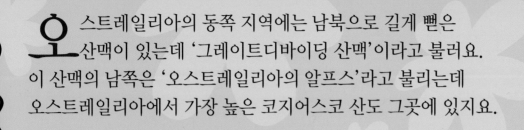

오스트레일리아의 동쪽 지역에는 남북으로 길게 뻗은 산맥이 있는데 '그레이트디바이딩 산맥'이라고 불러요. 이 산맥의 남쪽은 '오스트레일리아의 알프스'라고 불리는데 오스트레일리아에서 가장 높은 코지어스코 산도 그곳에 있지요.

나머지 지역은 주로 평평하며 초원과 사막으로 이루어져 있어요. 머리 강과 달링 강은 오스트레일리아에서 가장 큰 줄기를 이루고 있지요. 그 덕분에 물이 많이 필요한 남동부의 농업 지대에 충분한 물이 공급된답니다.

오스트레일리아

해머즐리 산맥

웨스

인도양

골짜기에는 키 큰 풀들이!

강가에는 푸른 나무들이!

티모르 해

태평양

카펀테리아 만

산호해

그레이트베리어리프

킴벌리 고원

이야,
오스트레일리아에는
식물 종류도
엄청 많다!

맥도널 산맥

오스트레일리아
평원

+ 에어스록
(울루루)

그레이트디바이딩 산맥

대찬정 분지

에어 호
(오스트레일리아에서
가장 낮은 곳)

달링 강

코지어스코 산
(오스트레일리아에서
가장 높은 곳)

머리 강

여기가
오스트레일리아의
사막인가?

오스트레일리아의 면적 :
7,692,000km²

가장 높은 곳 : 코지어스코 산

가장 낮은 곳 : 에어 호

가장 긴 강 : 달링 강

재미있는 사실 : 달링 강은 일 년
중 몇 달간은 바싹 메말라 있다.

배스 해협

0   500 miles

0   750 kilometers

태즈메이니아

89

기후는 어떨까?

오스트레일리아

오스트레일리아는 대부분의 지역이 일 년 내내 더워요. 중부와 서쪽 지역은 늘 건조하고, 북쪽 해안 지역은 계절풍의 영향을 받아 많은 비가 내려요. 덕분에 식물들이 쑥쑥 자라지요.

주로 여름에 발생하는 열대 저기압 사이클론은 오스트레일리아에서 가장 위협적인 존재예요. 빙빙 회전하는 이 폭풍은 허리케인과 반대 방향으로 바람이 부는 점을 제외하고는 아주 비슷해요. 사이클론이 발생하는 시기는 매년 11월과 3월 말쯤이랍니다.

이 고원은 먼지 투성이 같은데?

무시무시한 사이클론이야!

어떤 동물들이 살까?

오스트레일리아

오스트레일리아에는 독특한 동물들이 많이 살고 있어요. 캥거루나 코알라 같은 동물은 배에 달린 주머니에서 새끼를 키우지요. 에뮤는 오스트레일리아에서 가장 큰 새이지만 덩치가 커서 날지는 못해요. 대신 튼튼한 다리로 달리거나 발차기를 하지요.
또 동쪽 지역의 숲에서는 나뭇가지와 비슷한 모양으로 나무에 붙어 있는 거대한 대벌레도 볼 수 있답니다.

한편 오스트레일리아 북동쪽 해안에는 지구상에서 가장 큰 산호 군락지인 그레이트배리어리프가 있어요. 얼마나 큰지 우주에서도 볼 수 있답니다. 산호해를 따라 뻗어 있는 이 산호 군락지는 길이가 무려 2,012km나 된다고 해요.

헉,
막대처럼 생긴
벌레?

나도 엄마 캥거루
배 주머니에 들어가고
싶다.

92

오스트레일리아에 사는
동물들은 놀라운 능력을
가지고 있구나!

조심해!
에뮤가 잔뜩 화가 난
표정이야!

아기 코알라는
정말 편한 표정인걸!

오스트레일리아에는 매력적인 풍경이 가득해요. 사막 한가운데에 있는 세계에서 가장 큰 바위 '에어스 록'은 해가 뜨고 질 때 반짝이는 붉은빛으로 관광객들의 인기를 끌지요.

사실 이곳은 호주 원주민인 애버리지니에게 매우 특별한 곳이에요. 원주민들은 이 바위를 세계의 중심이라 생각하며 숭배했거든요. 그래서 지금도 이 바위를 성스럽게 여기며 '울루루'라고 부른답니다.

한편 분주한 도시인 시드니는 쇼핑을 하거나 공연을 관람하기에 아주 좋아요. 세계적으로 유명한 시드니의 오페라 하우스에서는 세계적인 천연 항구가 한눈에 내려다보인답니다.

오스트레일리아의 이웃 나라 뉴질랜드도 아름다운 자연환경을 자랑해요. 특히 간헐천으로 유명한 로터루아 온천을 보기 위해 관광객들이 모여들지요.

룰루

랄라

룰루랄라!

여긴 정말 기막히게 멋진 곳이야!

95

남극 대륙

북극해
유럽
아시아
북아메리카
아프리카
대서양
태평양
인도양
남아메리카
오스트레일리아

남극

남극 대륙은 지구상에서 가장 춥고 메마르며 바람이 많이 부는 곳이에요. 대부분의 땅은 두께가 3.2km인 얼음판으로 덮여 있지요. 일 년 중 몇 달 동안은 낮에도 깜깜해요. 이러한 남극은 어떤 나라의 땅도 아니랍니다.

하지만 이곳에 아무도 살지 않는 것은 아니에요. 추위에 강한 동물들이 살고 있지요. 또한 연구 기지에서 일시적으로 머무르는 과학자들도 있어요.

사실 남극은 연구를 하는 사람들에게 인기 있는 대륙이에요. 수백만 년 동안 사람들의 발길이 닿지 않았기 때문이지요. 그래서 연구자들에게 지구의 오랜 역사와 기후에 대해 많은 것을 가르쳐 준답니다.

땅은 어떻게 생겼을까?

얖
끾
아
하

남극 대륙은 남극점을 덮고 있는 광활한 땅이에요. 대륙 중에서 다섯 번째로 크기가 커요. 다시 말해 유럽보다는 크지만 남아메리카보다는 작지요.

남극 대륙은 가운데 길게 뻗은 산맥을 중심으로 양쪽으로 나눌 수 있어요. 동쪽 지역은 대부분이 높고 평평한 평야 지역으로 얼음이 뒤덮여 있고, 서쪽 지역에는 산맥이 뻗어 있어요. 남극 대륙에서 가장 높은 봉우리인 빈슨 매시프는 서쪽에 위치해 있지요. 얼음으로 덮인 우뚝 솟은 화산, 시들리 산도 같은 곳에 있답니다.

빈슨 매시프는 정말 높은 산이구나.

빙하는 영원하리라!

남극 반도

엘즈워스 랜드

98

기후는 어떨까?

남극의 기후는 예측하기 쉬워요. 언제나 춥거든요! 기온이 영상으로 올라가는 날은 거의 없어요. 한때는 연구 기지에 있는 온도계로 영하 89.2℃를 기록하기도 했는데, 전 세계에서 측정된 온도 중 가장 낮은 온도였답니다. 반면 더운 곳도 있어요. 남극 대륙에서 가장 활동적인 화산인 에러버스 산 정상이랍니다. 사실 이런 곳은 남극에서 찾아보기 힘들지요.

남극에는 눈이나 비가 아주 조금 내려요. 보통 일 년에 내리는 눈은 고작 5cm 정도예요. 이렇게 건조한 상태이기 때문에 남극은 거대한 사막과 같다고도 볼 수 있어요. 지금처럼 남극을 뒤덮은 두터운 만년설이 쌓이기까지는 수백만 년이 걸렸답니다.

이게 연구원들이 지내는 텐트구나!

이렇게 눈과 얼음밖에 없는 곳에서 어떻게 따뜻하게 보내지?

어떤 동물들이 살까?

남극 대륙에서 살아남는 것은 힘들어요. 하지만 남극을 둘러싼 바다에는 먹이와 영양분이 풍부하지요. 그래서 많은 동물이 먹잇감을 찾아 남극으로 온답니다.

남극의 짧은 여름 동안 가마우지는 해안가에 둥지를 틀어요. 흰긴수염고래와 혹등고래는 먹잇감인 크릴을 찾아 남극까지 이동하지요.

한편 황제펭귄은 일 년 내내 남극에 사는 몇 안 되는 동물 중 하나예요. 매서운 바람이 부는 추운 겨울이 되면 펭귄들은 서로 옹기종기 모여 몸을 따뜻하게 한답니다.

남극의 동물

난 고래가 참 좋아. 테렌스, 너도 그렇지?

남극의 혹독한 날씨도 이곳 동물들에게는 전혀 문제가 되지 않나 봐!

펭귄, 밑에 조심해!
나도 새 식구라고!

이 새들은
초강력 방한 깃털을 갖고
있는 게 틀림없어!

103

105

세계 지도 복습하기

이 세계 지도를 이용해 아래 사진 속의 놀라운 풍경과 동물을 볼 수 있는 곳이 어느 대륙인지 찾아보세요.

북아메리카

로키 산맥
프레리도그
그랜드 캐니언
자유의 여신상

남아메리카

아마존 강
재규어
이구아수 폭포
마추픽추

북아메리카

크레이트롤플레이스

미국
그랜드 캐니언

미국
자유의 여신상

유럽

알프스 산맥
아이벡스
브란 성
에펠 탑

태평양

적도

아마존 강

페루
마추픽추

남아메리카

브라질/아르헨티나
이구아수 폭포

대서양

빈슨 매시프■

106

북극해

유럽

랑스
멜탑

알프스 산맥

루마니아
브란 성

이집트
피라미드

요르단
페트라

사 하 라

아프리카

아시아

고비 사막

중국/네팔
에베레스트 산

태평양

적도

아시아

고비 사막
대왕판다
에베레스트 산
페트라

아프리카

사하라
여우원숭이
나일 강
피라미드

인도양

그레이트
배리어
리프

오스트레일리아

에어스 록(울루루) ■

시드니
오페라 하우스

오스트레일리아

그레이트배리어리프
캥거루
울루루
오페라 하우스

남극

빈슨 매시프
황제펭귄
에러버스 산

남 극 대 륙

에러버스 산 ■

0   2,000 miles

0   3,000 kilometers

알쏭 달쏭 퀴즈 타임

북극해
유럽
북아메리카   아시아
아프리카
태평양   대서양   인도양
남아메리카   오스트레일리아
남극

1. 이름에 '아'자가 들어가지 않는 대륙은 어디일까요?
   모두 찾아 지도에 표시하세요.

2. 옆의 사진은 아프리카의 강이에요. 세계에서 가장 긴
   이 강의 이름은 무엇일까요?

   ① 나일 강
   ② 나이저 강
   ③ 콩고 강
   ④ 잠베지 강
   ⑤ 양쯔 강

3. 지도의 세계 4대양 이름이 몇 글자 지워졌어요.
   지워진 글자를 채워 넣으세요.

   ① 태__양   ② __서양

   ③ __도양   ④ 북극__

108

4. 위의 사진 속 동물을 보고 그 동물이 살고 있는 대륙을 선으로 이어 보세요.

1. 사자   ·   · ① 아시아
2. 흰머리독수리   ·   · ② 아프리카
3. 대왕판다   ·   · ③ 오스트레일리아
4. 코알라   ·   · ④ 북아메리카

5. 위의 사진을 보고 아래 설명이 맞는지 틀렸는지 O, X로 표시해 보세요.

1. 세계에서 가장 높은 곳은 아시아에 있다.   (   )
2. 알프스 산맥은 유럽과 아시아를 나누는 산맥이다.   (   )
3. 그랜드 캐니언은 호주에 있다.   (   )
4. 사하라 사막은 북아프리카의 많은 부분을 차지하고 있다. (   )

1. (생략) 부터 2. (보기) 3. (저울) 5. (안네) 5. (책) 6. (거울) 4. 1-② 2-④ 3-① 4-③
5. 1-O 2-X (알프스 산맥은 아시아를 나누는 산맥이 아니다.) 3-X(그랜드 캐니언은 캐나다 미국 장소이다.) 4-O

109

좀 더 알아보기

대륙

대륙의 크기별 순위

1. 아시아 : 44,570,000㎢
2. 아프리카 : 30,065,000㎢
3. 북아메리카 : 24,474,000㎢
4. 남아메리카 : 17,819,000㎢
5. 남극 : 13,209,000㎢
6. 유럽 : 9,947,000㎢
7. 오스트레일리아 : 7,692,000㎢

바다

바다의 크기별 순위

1. 태평양 : 169,479,000㎢
2. 대서양 : 91,526,400㎢
3. 인도양 : 74,694,700㎢
4. 북극해 : 13,960,100㎢

지도 속 세계 기록

세계에서 가장 높은 산
(육지 기준)
아시아의 에베레스트 산
약 8,850m

세계에서 가장 낮은 곳
(육지 기준)
아시아의 사해
약 -422m

세계에서 가장 큰 섬
북극과 대서양 부근의 그린란드
약 2,166,000㎢

세계에서 가장 긴 강
아프리카의 나일 강
약 7,081㎞

세계에서 가장 큰 담수호
북아메리카의 슈피리어 호
약 82,100㎢

세계에서 가장 큰 염호
유럽과 아시아 사이의 카스피 해
약 371,000㎢

세계에서 가장 긴 산맥
(육지 기준)
남아메리카의 안데스 산맥
약 7,200㎞

세계에서 가장 추운 곳
남극 보스토크 연구 기지
-89.2℃(1983년 기록)

세계에서 가장 더운 곳
북아메리카의 데스밸리
56.7℃(1913년 기록)

세계에서 가장 인구가 많은 나라
아시아의 중국
약 13억 3139만 8천 명

세계에서 가장 큰 나라
유럽과 아시아에 걸쳐 있는 러시아
약 17,075,400㎢

세계에서 가장 작은 나라
유럽의 바티칸
약 0.5㎢

사파리 여행을 떠나자!

관광객들이 대초원을 지나 저녁에 묵을 숙소를 찾아가려고해요. 여러분이 안전하게 안내해 주세요!

정답은 121쪽에 있어요.

도착

이봐,
모두 어디로 가고
있는 거야!

113

그레이트배리어리프를 그린 두 장의 그림이 있어요. 얼핏 보기에는 똑같아 보이지만 서로 다른 곳이 20군데나 있답니다. 서로 다른 곳을 찾아 동그라미 표시를 해 보세요.

정답은 121쪽에 있어요.

부모님과 함께 하는 지도책 놀이

지금까지 앵그리버드 친구들과 함께 일곱 개의 대륙을 탐험하면서 많은 사람과 동물을 만났고, 다양한 명소를 살펴보았어요. 이 과정에서 아이는 지도와 세계에 대해 많은 것을 배울 수 있었을 것입니다.

지금부터는 아이가 이 책에서 배운 내용을 되새기고 활용할 수 있도록 부모님이 도와주세요. 지도 그리기, 대륙 수 세기, 먹거리 살펴보기 등 세계 지도와 관련된 여러 가지 활동을 통해 아이가 새로운 경험을 할 수 있도록 도와주세요.

우리 집 지도 만들기

앵그리버드 친구들이 자신들이 살고 있는 피기 섬의 지도를 직접 만들기로 한 것처럼 아이와 함께 우리 집의 지도를 만들어 보세요! 먼저 아이와 집 안에 있는 각각의 방을 다니면서 눈에 보이는 가구나 물건들을 메모합니다. 이때 가구의 크기와 모양도 빼놓지 말고 기록해 두세요. 그다음 깨끗한 종이에 각 방의 위치에 맞게 전체적인 모양을 그린 뒤 방에서 보았던 물건들을 하나하나 그리면 됩니다.

책상, 침대, 냉장고, 욕조, 인형 등 흥미로운 물건들을 지도에 표시하세요. 지도가 완성된 후 기호로 표시한 물건이 무엇을 나타내는지 기호 설명 표도 함께 만들어 보세요.

대륙 세어 보기

106-107쪽의 세계 지도를 펴고 아이와 함께 대륙의 개수를 세어 보세요. 이때 반드시 각 대륙을 손가락으로 짚어 가며 큰 소리로 수를 셀 수 있도록 지도해 주세요.

그다음에는 각 대양을 짚으며 수를 세어 보고, 마지막으로 대륙과 대양의 이름을 말해 보도록 지도해 주세요.

먹거리 살펴보기

각 대륙에 사는 사람들은 서로 다른 음식을 만들어 먹어요. 일반적으로 음식은 만들어진 곳에서 곧바로 소비가 되지만 다른 대륙에 있는 나라로 옮겨져 팔리는 경우도 있지요. 아이와 함께 냉장고 속에 들어 있는 다른 나라의 음식을 찾아보세요. 또 시장에 가서 과일이나 채소 등 여러 가지 식품들을 살펴보며 어느 대륙에서 온 것인지 관찰해 보세요. 이때 관찰 수첩을 준비해 식품과 원산지를 기록할 수 있도록 지도해 주세요.

아이가 특히 좋아하는 식품이 있다면 어느 곳에서 온 것인지 물어보고, 어느 대륙의 어떤 나라인지도 맞혀 볼 수 있게 유도해 주세요. 또 시장의 다양한 식품들 중 가장 먼 거리를 이동해 온 음식은 무엇인지도 함께 찾아보세요.

극한 체험하기

책 속에서 세계에서 가장 높은 산은 에베레스트 산, 가장 긴 강은 나일 강인 것을 살펴보았어요. 지구상에는 우리가 쉽게 접할 수는 없지만 많은 사람이 탐험하고 싶어 하는 곳이 많지요. 아이와 함께 탐험가로 변신하여 지구 곳곳의 자연 환경을 탐험해 보세요. 놀이터의 미끄럼틀을

마치 에베레스트 산을 오르는 산악인처럼 한 발 한 발 내딛어 보세요. 아이에게 에베레스트 산의 날씨는 어떨지, 어떤 동물이 있을지, 세계에서 가장 높은 산을 오르는 기분은 어떨지 등등을 질문하고, 함께 이야기 나누며 아이의 상상력과 표현력을 자극해 주세요. 같은 방법으로 수영장에 가서 나일 강을 탐험하는 것처럼 행동해 보세요. 이러한 활동을 통해 아이는 새로운 세계에 대한 긍정적인 자극을 받게 될 것입니다.

이야기 지어 보기

지금까지 산악 지대, 해안가, 사막, 숲 등 서로 다른 지역에서 사람들이 어떻게 살고 있는지 살펴보았어요.

사람들은 자신이 사는 곳의 환경에 따라 사는 방식이 서로 다르지요. 아이에게 각각 서로 다른 곳에서 살아가는 두 친구에 대한 이야기를 상상해 써 보라고 해 보세요. 이때 부모님은 여러 가지 질문을 던져 아이가 자신만의 이야기를 구성할 수 있도록 도와주세요. 예를 들면 이야기 속 친구들의 이름은 무엇인지, 각각 어느 나라에 사는지, 그곳의 날씨는 어떤지, 친구들이 어떤 종류의 옷을 입고 있는지, 어떤 음식을 먹는지 등 이야기 속 지역의 특징을 구체화시킬

수 있게 말이지요. 아이는 지금까지 책 속에서 살펴본 여러 가지 환경의 다양함에 대해 좀 더 쉽게 받아들일 수 있을 것입니다.

구름 지도책 찾기

커다란 아시아부터 얼음으로 뒤덮인 남극까지 일곱 개의 대륙은 저마다 모양이 특이해요.

햇살 좋은 날 아이와 함께 하늘을 보면서 구름을 관찰해 보세요. 구름 모양이 어떤 대륙이나 나라와 닮았는지 관찰해 보며 이야기를 나누다 보면 금세 일곱 대륙의 모양을 익힐 수 있을 것입니다.

세계 민속 음악 들어 보기

우리나라의 전통 음악인 '사물놀이'는 아시아를 대표하는 흥겨운 리듬이에요. 또 북아메리카 멕시코의 '마리아치 밴드'는 축제에서 흥을 돋우는 음악이지요. 유럽 독일의 '폴카' 역시 쿵짝쿵짝 소리가 재미있는 음악이랍니다.

이번에는 아이와 함께 세계 민속 음악 여행을 떠나 보세요.

각각 아시아, 북아메리카, 유럽이라고 적은 세 장의 종이를 아이에게 나누어 주고 인터넷을 활용해 위에서 언급한 세 가지 음악을 찾아 들려주세요. 몇 번 반복해 음악을 들은 뒤, 한 곡을 골라 10초 정도 들려주고 어느 나라 곡인지 질문한 다음 아이가 대륙 이름이 적힌 카드를 찾을 수 있게 합니다. 이 세 가지 리듬에 익숙해지면 세계 여러 나라의 다른 음악을 찾아 다시 새로운 게임을 이어가 보세요.

나 따라 해 봐라

세계 곳곳에 살고 있는 동물들은 각각 독특한 방식으로 움직여요. 호주의 캥거루는 긴 다리로 통통통 뛰며 돌아다니고, 아시아의 코모도왕도마뱀은 네 발로 기어 다니지요. 또 남극의 황제펭귄은 얼어붙은 땅 위를 뒤뚱뒤뚱 걸어 다녀요.

여러 가지 동물 이름표를 준비해 하나씩 이마에 붙인 뒤, 아이와 함께 그 동물처럼 몸을 움직여 보세요. 우스꽝스러운 소리도 내며 신 나게

활동하다 보면 자연스레 여러 동물의
특징을 익힐 수 있을 것입니다.

알록달록 화려한 대륙

책 속의 일곱 대륙은 다양한 색으로
표현되어 있어요. 대륙별로 여러 사진
자료에 쓰인 색을 관찰해 보세요. 책
속에서 빨강, 주황, 노랑, 초록, 파랑,
보라, 갈색, 검정, 흰색의 물체를
찾아보고 대륙별로 간단한 목록을
만들어 어떤 대륙이 가장 화려한지
확인해 보세요.

새 카드 짝 맞추기

책 속에서 대륙별 최소 한 종류 이상의
새에 대해 알아보았어요. 이번에는
새 카드를 만들어 아이와 재미있는
게임을 해 보세요.
먼저 새 사진을 붙일 두꺼운 종이 카드
14장을 준비합니다. 아이와 함께 책
속에서 흰머리독수리(북아메리카),
금강앵무새(남아메리카), 올빼미

(유럽), 에뮤(오스트레일리아),
펭귄(아프리카), 공작(아시아),
가마우지(남극)의 새 사진을 찾아보고,
인터넷을 활용해 같은 새의 이미지를
2장씩 출력하세요. 출력한 사진을
종이 카드 뒷면에 하나씩 붙입니다.
그다음 카드를 잘 섞은 후 바닥에
뒤집어 놓으세요.
아이와 차례대로 카드를 각각 두 장씩
뒤집어 짝을 맞추는 게임입니다. 두
장의 새 카드가 일치하면 본인이 갖고,
일치하지 않으면 상대방에게 기회가
넘어가지요. 모든 새 카드가 없어질
때까지 게임을 한 뒤 짝을 가장 많이
맞힌 사람이 이기게 됩니다.
아이가 게임에 익숙해지면 새 사진
카드를 한 장씩 남기고 다른 카드에는
새 이름을 붙여 새 사진과 새 이름을
맞히는 게임으로 진행해 보세요.

대륙 간의 관계 알아보기

일곱 개의 대륙은 지구를 덮고
있는 거대한 땅의 조각들이에요.

아이와 세계 지도를 자세히
살펴본 뒤 어떤 대륙이 서로
육지로 연결되어 있는지
물어보세요. 또 다른
대륙과 따로 떨어져 있는
대륙은 무엇인지도 물어보세요.
대륙과 대륙 사이에 있는 땅의 특징에
대해 이야기를 나누어 보고, 대륙과
대륙 사이를 구분 짓는 바다나 강
또는 호수에 대해서도 이야기 나누어
보세요.

크기 비교하기

아이와 함께 106-107쪽의 세계
지도를 보며 대륙의 크기에 대해
이야기해 보세요. 크기가 가장
큰 대륙부터 가장 작은 대륙까지
순서대로 손가락으로 짚어 가며

이때 책에서 살펴본 내용을 더한다면 학습 효과를 높일 수 있습니다. 또는 다른 대륙으로 여행을 다녀온 경험이 있는 친척이나 친구 중 어른이 있다면 아이와 인터뷰를 할 수 있게 해 주세요. 이때 부모님은 아이가 인터뷰를 하기 전 질문할 목록 작성하는 것을 도와주세요. 예를 들면 여행을 한 곳은 어디인지, 왜 그곳으로 갔는지, 함께 간 사람은 있는지, 함께 본 것은 무엇인지, 그곳의 날씨는 어땠는지 등에 대한 질문으로 인터뷰를 이어갈 수 있답니다.

아이와 함께 종이에 각각의 다양한 환경을 그림으로 나타내 보세요. 이때 부모님은 각각의 환경에서 찾을 수 있는 대표적인 색깔이나 형태, 선, 감촉에 대해 큰 소리로 짚어 주세요. 그림을 모두 그린 후에는 각 환경의 공통점과 차이점에 대해 이야기 나누어 보세요. 이러한 활동은 아이가 다양한 자연 환경과 지형을 시각적으로 익히는 데에 많은 도움을 줍니다.

이름을 말해 보도록 지도해 주세요. 그다음에는 반대로 크기가 가장 작은 대륙부터 가장 큰 대륙까지 다시 한번 말해 보도록 합니다. 110쪽 대륙의 크기별 순위를 보고 정답이 맞았는지 확인해 보세요.

세계 여행가 되어 보기

세계 여행가가 되면 멋진 장소에서 멋진 사람들을 만나 멋진 경험을 할 수 있어요. 이 책을 통해 살펴본 내용들을 바탕으로 아이에게 지금 세계 여행 중인 세계 여행가가 되었다고 상상해 보라고 말해 주세요. 그러고 나서 아이에게 책에서 본 곳 중 한 곳을 떠올려 보라고 한 뒤 스무고개 게임처럼 부모님은 정답을 맞히기 위해 질문을 하고, 아이는

함께 이야기하기

아이와 함께 다른 대륙으로 여행을 다녀온 경험이 있다면 추억을 떠올리며 이야기를 나누어 보세요.

땅의 특징 알기

각 대륙은 산, 협곡, 호수, 강, 사막, 초원, 열대 우림과 같은 서로 다른 다양한 특징을 가지고 있어요.

'예', '아니오'로만 대답을 하도록 하며 놀이를 진행하세요. 정답을 맞힌 후에는 서로 역할을 바꾸어 놀이를 계속해 나갑니다.

독서 여권 만들기

여행가들은 한 나라에서 다른 나라로 여행을 할 때마다 여권에 도장을 받아요. 여권을 보면 여행가가 머물렀던 나라를 알 수 있지요. 이처럼 아이가 여러 나라에 대한 책을 읽을 때마다 책 목록을 기록할 수 있게 독서 여권을 만들어 주세요.
안 쓰는 수첩이나 복사 용지를 활용해 독서 여권을 만든 뒤, 아이와 함께 도서관에 방문하여 여러 나라에 대한 책을 읽을 때마다 도장을 찍어 주세요. 이때 일곱 대륙으로 나눈 독서 여권을 만들면 대륙별로 어떤 나라 책을 많이 읽었는지도 확인할 수 있답니다.
평소 독서 여권을 잘 활용하여 아이의 독서 습관을 바르게 지도해 주세요.

정답

사파리를 떠나자! (112-113쪽)

바닷속 세상 (114-115쪽)

용어 설명

책을 보다가 정확한 뜻이 궁금한 낱말이 있었나요?
여러분이 지도책에서 자주 볼 수 있는 낱말의 정확한 의미를 확인해 보세요.

용어 설명

수도

한 나라의 정부가 위치해
있는 도시

도시

많은 사람이 살고 있는
지역으로 마을보다 큰 곳

대륙

지구 위의 땅을 가리키는
것으로 북아메리카,
남아메리카, 유럽,
아프리카, 아시아,
오스트레일리아, 남극 등
일곱 개의 대륙이 있음

나라

국명, 국경선, 영토를
관할하는 최고의 권한을
가진 정부와 그곳에 사는
사람들이 있는 장소

사막

건조한 땅에 식물이 거의
자라지 않고, 비도 거의
오지 않는 지역

빙하

천천히 움직이는 거대한
얼음 덩어리로 넓은
지역을 덮고 있는 빙하를
만년설이라고 함

정부

한 나라를 통치하고 도시와
국민을 보호하는 사람들의
무리

이민자

자기 나라를 떠나 다른
나라에서 사는 사람들

섬

바다로 둘러싸인 육지

호수

땅이 안쪽으로 움푹 파여
물이 고인 곳

지도

어떤 장소를 위에서 내려다본
모습을 그린 그림

산

주변을 둘러싼 땅보다 매우
높게 솟아오른 땅의 부분

북극점

지구상에서 가장 북쪽에
위치한 지점

대양

지구를 덮고 있는 거대한
바다로 태평양, 인도양,
대서양, 북극해, 남극해를
오대양이라고 함

평원

주로 평평한 땅으로 이루어진
넓은 지역으로 종종 풀이 덮여
있어 초원이라고도 함

인구

일정한 지역에 살고 있는
사람들의 수

열대 우림

일 년 내내 기온이 높고
많은 비가 내리며 거대한
나무가 있는 열대 정글
지역

강

거대하고 자연적인
흐름으로 움직이는
물줄기

남극점

지구 위에서 가장 남쪽에 있는
지점

찾아보기

그림 저작권

평생토록 함께 세계 여행을 하면서 모험 이야기를 나눌 내 아기 엘레오노라에게 이 책을 바칩니다.

구성 내셔널 지오그래픽

내셔널 지오그래픽 소사이어티(National Geographic Society)는 1888년에 설립된 곳으로 지리학적인 지식 확대와 보급을 목적으로 하는 세계에서 가장 큰 비영리 과학 교육 단체예요. 이 단체는 세상 사람들이 지구를 보다 더 아낄 수 있도록 영감을 불어 넣는 역할을 하고 있어요.
잡지 《내셔널 지오그래픽》과 내셔널 지오그래픽 방송, TV 다큐멘터리, 음악, 라디오, 영화, 책, DVD, 지도, 전시회, 이벤트, 학교 출판 프로그램, 대화형 미디어, 상품 등을 통해 매달 전 세계 4억 명이 넘는 사람들과 함께 하고 있지요. 그 밖에도 만여 개가 넘는 과학 연구, 보존, 탐험 프로젝트에 기금을 제공하고 세계인의 지리학적 교양 수준을 높이는 데 도움이 되는 다양한 교육 프로그램을 지원하고 있답니다.

옮긴이 성윤선

이화여자대학교 과학교육학과에서 화학을 전공했어요. 주로 아동, 자기계발 분야를 전문적으로 번역하며 현재는 번역 에이전시 엔터스코리아에서 출판기획 및 전문 번역가로 활동하고 있습니다. 주요 역서로는 《어린이 과학 수사대 : 범인을 찾아라!》, 《인디아나 존스 최후의 성전》, 《시간의 역사 속으로 GO! GO!》, 《월터 크레인》 등이 있답니다.

감수 김대훈 선생님

한국교원대학교 지리교육과를 졸업하고 동대학원에서 박사 학위를 받았어요. 전국지리교사모임에서 여러 지리 선생님들과 함께 즐거운 지리 수업을 위해 열심히 연구하고 있지요. 지은 책으로는 《세계 지리 세상과 통하디》, 《독! 힌국지리》, 《지리, 세상을 날디》기 있고, 현재는 원곡고등학교에 재직 중이랍니다.

초판 1쇄 발행 2014년 7월 1일

글 엘리자베스 카니 | 그림 로비오 | 옮긴이 성윤선 | 감수 김대훈
펴낸이 최현희 | 기획 이선일 | 편집 조설휘 | 디자인 박미영 | 마케팅 고경숙 김영웅 박연주

펴낸곳 도서출판 푸른날개
주소 인천광역시 연수구 벚꽃로 158번길 43 | E-mail bluewing5103@naver.com
전화 032)811-5103 | 팩스 032)232-0557, 032)821-0557 | 출판등록 제 131-91-44275
ISBN 978-89-6559-084-2 64980, 978-89-6559-083-5(세트) | 값 12,000원

앵그리버드와 함께 떠나는 신 나고 즐거운 여행!

어린이를 위한
앵그리버드 시리즈는 계속됩니다!

NATIONAL
GEOGRAPHIC